BEI GRIN MACHT SICH IHR WISSEN BEZAHLT

- Wir veröffentlichen Ihre Hausarbeit, Bachelor- und Masterarbeit

- Ihr eigenes eBook und Buch - weltweit in allen wichtigen Shops

- Verdienen Sie an jedem Verkauf

Jetzt bei www.GRIN.com hochladen und kostenlos publizieren

Ernährungsphysiologische Vertiefung und Diätetik

Individuelle Ernährungsberatung bei metabolischen Syndrom

Guido Sowade

Bibliografische Information der Deutschen Nationalbibliothek:

Die Deutsche Nationalbibliothek verzeichnet diese Publikation in der Deutschen Nationalbibliografie; detaillierte bibliografische Daten sind im Internet über http://dnb.d-nb.de abrufbar.

ISBN: 9783389042519
Dieses Buch ist auch als E-Book erhältlich.

Druck und Bindung: Books on Demand GmbH, Norderstedt Germany
Gedruckt auf säurefreiem Papier aus verantwortungsvollen Quellen

Das Buch bei GRIN: https://www.grin.com/document/1485782

Academy of Sports

Abschlussarbeit
Ernährungsphysiologische Vertiefung und Diätetik

Ernährungsberater A – Lizenz   AZAV - VZ

Sowade, Guido
Datum: 11.04.2024

Inhalt

1. Abschlussprüfung Ernährungsphysiologische Vertiefung und Diätetik 3

1.1 Einleitung..3

1.2. Aufgabenstellung...4

2. Berechnung Body Mass Index (BMI)..4

2.1. Auswertung und Interpretation Body Mass Index 4

2.2. Begründung 4

3. Körperfettanteil..5

3.1. Auswertung und Interpretation Körperfettanteil..5

3.2. Begründung...5

4. Bauchumfang..5

4.1. Auswertung und Interpretation Bauchumfang...6

4.2. Begründung...6

5. Blutwerte..6

5.1. Auswertung und Interpretation Blutwerte...6

5.2. Mögliche Stoffwechselerkrankung bei Herr R..7

6. Das metabolische Syndrom...7

6.1. Das metabolische Syndrom in der Ernährungsberatung...8

6.2. Ernährungstipps bei metabolischen Syndrom..9

7. Tipps für eine gesündere Ernährung..10

8. Weitere Empfehlungen und Maßnahmen für Herr R...11

9. Ernährungsplan Tag 1..12

10. Ernährungsplan Tag 2..13

11. Ernährungsplan Tag 3..14

12. Quellenverzeichnis..15

1. Abschlussarbeit Ernährungsphysiologische Vertiefung und Diätetik

1.1. Einleitung

Name	R.
Alter	42 Jahre
Größe	1,78 m
Gewicht	94 kg
Körperfett	28,5 %
Bauchumfang	108 cm
Hüftumfang	101 cm
Nüchternblutzucker	121 mg/dl
Blutzucker nach Glukosetoleranztest	nach 2 Stunden 150 mg/dl
Triglyzeride	198 mg/dl

Herr R. ist 42 Jahre und arbeitet hauptberuflich als Sachbearbeiter bei einer Firma für Finanzdienstleistungen. Seine Aufgaben erledigt er überwiegend sitzend. In seiner Freizeit geht er gerne mit seinen Freunden in die Kneipe Fußball schauen. Dies tut er zwei- bis dreimal wöchentlich. Die restlichen Tage verbringt er für gewöhnlich zu Hause auf dem Sofa. Herr R. ist alleinstehend. Daher ernährt er sich aus Praktikabilität hauptsächlich von Fertiggerichten und Teigwaren, wie Brot oder Nudeln. Am liebsten mit Wurst, Käse oder Sahnesauce. Über den Tag verteilt isst er recht häufig Dinge wie belegte Brote und zusammen mit den Kollegen Kuchen. Er hat keinen direkten Essensrhythmus, konsumiert den Großteil seiner Kalorien jedoch am Abend. Außerdem isst er gerne Süßigkeiten. Hauptsächlich als Snack auf dem Sofa während dem Fernsehschauen. Sport kennt er nur aus dem TV. Hier ist er jedoch theoretischer Fachmann.

Ihm ist durchaus bewusst, dass er ein paar Kilogramm zu viel auf den Rippen hat. Dadurch, dass er jedoch keinen schwabbeligen Bauch hat, sondern tendenziell einen eher prallen, jedoch nach vorne stehendem dickem Bauch (ähnlich einem Bierbauch), ist er der Meinung, dass er unmöglich zu viel Fett am Körper haben kann. Schließlich sieht man das Fett um seinen Bauch kaum.

Da er Wasser pur nicht mag, trinkt er über den Tag verteilt regelmäßig Limonaden, Saftschorle oder diverse Energydrinks.

Vor einiger Zeit war er beim Arzt. Dieser konnte feststellen, dass sein Triglyzerid-Wert hoch ist und auch der Nüchternblutzuckerwert über dem Normwert liegt. Weshalb ein Glukosetoleranztest durchgeführt wurde. 2 Std nach der Gabe einer Glukoselösung mit 75g Glukose war der Blutzuckerwert im erwarteten erhöhten Bereich. Der Insulinwert war außerdem deutlich über dem Normwert.

Der Arzt hat ihm geraten einen Ernährungsspezialisten aufzusuchen, um seine Ernährung und sein Gesundheitsverhalten zu optimieren. Daraufhin hat Herr R. den Weg zu Ihnen gesucht.

1.2. Aufgabenstellung

Interpretiere BMI, Körperfettanteil und Bauchumfang und begründe deine Aussagen. Interpretiere bitte auch die aufgeführten Blutwerte und überlege, zu welcher Stoffwechselstörung derartige Blutwerte passen könnten und begründe deine Meinung. Argumentiere bitte zudem, ob du diesen Klienten beraten darfst oder nicht und begründe auch hierzu deine Aussage.
Erstelle anschließend einen Ernährungsplan über drei Tage mit Tipps, wie sich dieser Klient besser ernähren könnte und welche weiteren Maßnahmen du diesem Klienten empfehlen würdest.

2. Der Body – Mass – Index (BMI) und seine Berechnung

Der Body – Mass – Index setzt sich aus dem Verhältnis von Körpergewicht und Körpergröße zueinander zusammen. Daraus ergibt sich folgende Berechnung für Herr R:

BMI = 94 kg : (1,78 m x 1,78)

Herr R. hat einen Body – Mass – Index von 29,7.

2.1. Auswertung und Interpretation des BMI

Herr R. weist einen Body – Mass – Index von 29,7 auf und ist unter zusätzlicher Berücksichtigung seines Alters als leicht übergewichtig einzuschätzen. Dieser Wert dient zunächst als erste Orientierung.

2.2. Begründung

Der BMI von 18,5 bis < 25 gilt bei der Auswertung als Referenzwert. Ein BMI < 18,5 steht für Untergewicht, wobei Werte über 25 ein leichtes, sowie Werte über 30 ein eindeutiges Übergewicht repräsentieren.

In der Bewertung des BMI ist zusätzlich zu beachten, dass sich mit zunehmenden Alter Stoffwechselverschiebungen ergeben und durch den Abbau von Muskulatur, sowie einem vermehrten Aufbau von Körperfett, zumeist eine Gewichtszunahme zu beobachten ist. Entsprechend der Altersgruppe (35 – 44) von Herrn R. wäre ein Body – Mass – Index zwischen 21 – 26 wünschenswert.

3. Körperfettanteil (KFA)

Der BMI Wert dient als erste Orientierung und sagt noch nichts über die Zusammensetzung des Körpers und dem Verhältnis von Muskulatur und Fettgewebe der Gesamtkörpermasse aus. Der Körperfettanteil gibt erst Auskunft darüber, wie viel Prozent des Körpers aus Fettgewebe bestehen.
Zu beachten ist hierbei, dass die Figur eines Menschen noch lange nichts über seinen Körperfettanteil aussagt, denn Körperfettdepots sind nicht immer nur von außen sichtbar, sondern können auch in anderen Bereichen, wie Organen und Körperhöhlen angelegt sein.

3.1. Auswertung und Interpretation des KFA

Herr R. hat einen Körperfettanteil von 28,5 %. Dieser Wert ist als zu hoch einzuordnen, darüber hinaus bestätigt dieser Wert die Berechnung und Auswertung des BMI, sowie die Annahme eines leichten Übergewichts.

3.2. Begründung

Für Herr R.s Altersgruppe (40 – 44) gilt ein Körperfettanteil von 24 – 26 als normal. Erstrebenswert und ideal wäre jedoch ein KFA von 20 – 24. Herr R.s Ergebnis ergibt jedoch 28,5 % und ist somit als „zu hoch" einzustufen. Ein zu hoher Körperfettanteil ist schädlich für die Gesundheit und kann auf Dauer zu ernsthafteren Erkrankungen des Stoffwechsels und des Herz – Kreislaufsystems führen.

4. Bauchumfang

Um eine Einschätzung für die Fettverteilung zu erhalten, kann der Taillen- und Hüftumfang in ein Verhältnis gesetzt werden. Daraus ergibt sich der sogenannte Waist-to-Hip-Ratio (WHR)und wird folgender Maßen berechnet:

WHR = Taillenumfang in cm geteilt durch Hüftumfang in cm.

4.1. Berechnung und Auswertung WHR

Im Fall von Herr R. ergibt sich dementsprechend folgende Rechnung:

WHR = Bauchumfang 108 cm : Hüftumfang 101 cm

Herr R.s Bauchumfang beträgt 108 cm und liegt weit über dem Normalwert.
Der WHR ergibt einen Wert von 1,1. Dieser Wert ist ebenfalls als erhöht einzustufen.

4.2. Begründung

Für Männer werden zum einen der Zielwert des Umfangverhältnisses mit <1,0 und der
Zielwert für den Bauchumfang mit <94 cm angegebenen.
Herr R.s WHR ergibt einen Wert von 1,1 und sein Bauchumfang beträgt 108 cm.
Ab einem Bauchumfang von >102 cm besteht bei Männern ein erhöhtes Risiko für Herz –
Kreislauf – Erkrankungen.
Ferner weist der Körper von Herr R. eine zentrale, viszerale (android, Mann ähnlich) Form
der Fettverteilung auf. Menschen bei denen sich ein Übergewicht aus vor allem im Bauchraum
angesammelten Fett (intraabdominale Fettverteilung) zeigt, sind besonders gefährdet
Erkrankungen des Stoffwechsels und Herz – Kreislaufsystems zu entwickeln.

5. Blutwerte

Um aussagekräftige Informationen über den aktuellen Gesundheitszustand eines Klienten,
oder Patienten zu erhalten, gehört eine Laboranalyse des Blutes in der heutigen Zeit zu den
wichtigsten Maßnahmen. Ein von der Norm abweichender Blutwert kann ein Indikator für
entstehende, oder bereits fortgeschrittene Erkrankungen sein. Ebenso kann die regelmäßige
Auswertung Hinweise auf mögliche Mangelerscheinungen, bestimmte Krankheiten und deren
Ursachen bzw. deren Entstehung geben. Auf die Wirksamkeit und den Verlauf von Therapien,
oder empfohlenen Umstellungen in der Ernährung können diese Blutwerte ebenfalls Hinweise
geben.

Mit zunehmenden Alter wird besonders empfohlen die Blutfettwerte, Nierenwerte,
Schilddrüsenwerte, Blutzuckerwerte, Leberwerte, aber auch mögliche Über- und
Unterversorgungen an Makro- und Mikronährstoffen regelmäßig im Auge zu behalten, um bei
Bedarf entsprechende Maßnahmen ergreifen zu können.

5.1. Auswertung und Interpretation der Blutwerte

Bei Herr R. ergab die Blutanalyse einen erhöhten Wert im Blutzuckerspiegel (nüchtern) von
121mg/dl, einen raschen Anstieg des Blutzuckerspiegels nach Glukosetoleranztest auf
150mg/dl, sowie einem deutlich erhöhten Insulinwert.
Der Triglyzeridwert wird mit 198mg/dl angegeben.

Alle Werte liegen über dem normal gesunden Maß. Die ersichtliche androide Fettverteilung gepaart mit den vorgelegten Blutwerten könnten für ein metabolisches Syndrom sprechen und bedürfen entsprechend zu ergreifenden Maßnahmen, um mögliche Verschlimmerungen und damit die Entstehung von weiteren Erkrankungen zu verhindern.

5.2. mögliche Stoffwechselerkrankung bei Herr R.

Die Auswertung der Blutwerte von Herr R., hier Blutzucker (nüchtern) 121mg/dl, sowie ein Triglyzeridwert von 198mg/dl, ein weit über der Norm liegender Insulinwert, die gestörte Glucosetoleranz (im Test nach 2 Stunden Wert von 150mg/dl) und ein Bauchumfang von 108 cm, könnten für das sogenannte „metabolische Syndrom" sprechen. Das metabolische Syndrom gilt als Zeichen für das Zusammentreffen verschiedener Symptome.

6. Das metabolische Syndrom

Das metabolische Syndrom steht als Sammelbezeichnung für bestimmte Symptome des Stoffwechsels und für Risikofaktoren für Herz – Kreislauf – Erkrankungen. „Metabolisch" stammt aus dem Griechischen und bedeutet so viel wie stoffwechselbedingt.
Als metabolisches Syndrom wird das Auftreten und das Zusammenspiel verschiedener Symptome und Erkrankungen bezeichnet. Dabei kann jede einzelne eine andere Ursache haben. Zu den Symptomen, bzw. Erkrankungen gehören:

- starkes Übergewicht, Adipositas (androider Typ)
- gestörte Glucosetoleranz, oder Diabetes mellitus Typ II
- Hyperlipoproteinämie
- Hypertonie

Zumeist sind diese Krankheitszeichen die Auswirkung eines westlich modernen Lebensstils mit Überernährung und zu wenig körperlicher Bewegung. Sie zählen zu den sogenannten Wohlstandkrankheiten und werden erst im Verbund als metabolisches Syndrom bezeichnet. Aufgrund des gemeinsamen Vorliegens dieser Erkrankungen und der erhöhten Sterblichkeit der Betroffen wird auch vom tödlichen Quartett gesprochen.

Die vier genannten Krankheitsbilder des metabolischen Syndroms können, jeweils einzeln und für sich stehend, die Blutgefäße schädigen und das Risiko für Herz – und Kreislauferkrankungen erhöhen. Durch das gleichzeitige Auftreten von mehreren gefäßschädigenden Aspekten steigt allerdings das Risiko für Herz- Kreislauf- Erkrankungen noch zusätzlich.

Für die Diagnose ergeben sich folgende Kriterien:

- Nüchternglucose: > 100 mg/dl, oder entspr. Medikation
- Taillenumfang: > 102 cm bei Männern, > 88 cm bei Frauen
- Triglyceride: >150 mg/dl, oder entspr. Medikation
- HDL- Cholesterin: < 40 mg/dl bei Männern, < 50 mg/dl bei Frauen

- Blutdruck: > 130 mmHG systolisch, oder > 85 mmHG diastolisch, oder entsprechender Medikation

Liegen drei dieser genannten Kriterien vor, ist der Klient, oder der Patient vom metabolischen Syndrom betroffen.

Für die Entwicklung eines metabolischen Syndroms stehen ganz unterschiedliche Faktoren. Als Ursache werden sowohl genetische Faktoren, bestimmte Lebensstile, aber auch Umwelteinflüsse genannt. Zur Zeit werden vor allem die genetischen Faktoren verstärkt untersucht, doch konnte bisher kein sicherer Zusammenhang eruiert werden. Der größte Faktor für die Entstehung eines metabolischen Syndroms sind die, vor allem in den westlichen Industrienationen, etablierten Lebensweisen aus einer hochkalorischen Ernährung und viel zu wenig Bewegung.

Dabei steht das vergrößerte, viszerale (im Bauchraum befindliche) Fettgewebe und seine Auswirkungen auf den Stoffwechsel des Körpers und für die Entwicklung eines metabolischen Syndroms im Vordergrund.
Die vergrößerten, viszeralen Fettdepots begünstigen eine vermehrte Freisetzung von Fettsäuren. Die nun im Übermaß freigesetzten Fettsäuren bewirken wiederum eine verstärkte ß-Oxidation in der Skelettmuskulatur und führt im Anschluss zu einer Glucoseintoleranz.
Durch die vermehrte Synthese von VLDL (ein Lipoprotein des Blutplasma) in der Leber wird ein Anstieg der Lipide (Fettteilchen) im Blut verursacht, der zu einer Hyperlipidämie führt.
Eine gestörte Glucoseaufnahme durch Insulin in der Leber bedingt einen erhöhten Blutzuckerspiegel, aus dem sich eine Hyperinsulinämie entwickelt.
Eine Insulinresistenz entsteht jedoch bereits meist Jahre im Voraus und wird heute als primärer Faktor für die Entstehung des metabolischen Syndroms und seine möglichen Folgeerkrankungen angesehen.

6.1. Das metabolische Syndrom in der Ernährungsberatung

Da es sich bei einem metabolischen Syndrom in erster Linie um verschiedene Symptome und einen nicht unerheblichen Risikofaktor für weitere Erkrankungen wie, Diabetes mellitus, Bluthochdruck, sich manifestierende Fettstoffwechselstörungen und, oder Fettleibigkeit handelt, darf ein Ernährungsberater einen Klienten mit metabolischen Syndrom beraten.
Voraussetzung dafür ist, dass der Klient zuvor bei einem entsprechenden Facharzt vorstellig war und dieser bei dem Klienten anhand der erstellten Diagnose, eine ernährungsbedingte und therapiebedürftige Krankheit, oder krankheitsbedingte Probleme bei der Ernährung ausgeschlossen und selbst den Verweis an einen Ernährungsberater gestellt hat.

Der Ernährungsberater hat die Aufgabe Menschen bei der Umstellung ihrer Ernährung und dem Erlernen neuer Lebensweisen behilflich zu sein. Ziel einer Ernährungsberatung ist vor allem eine Mangel-, oder Fehlernährung zu vermeiden, ein gesundes Körpergewicht zu erreichen und über eine gesündere Ernährung und das Integrieren von mehr Bewegung in den Alltag aufzuklären.

Die Umstellung der Ernährung kann auf bestimmte ungünstige Entwicklungen im menschlichen Organismus Einfluss nehmen und sich positiv auf den allgemeinen Gesundheitszustand auswirken.

Im Fall von Herr R., ist davon auszugehen, das eine Ernährungsberatung angezeigt und erlaubt ist, da er mit einer entsprechenden Empfehlung und auf Anraten eines Facharztes in die Ernährungsberatung kommt. Wichtig für Herr R. ist, mithilfe einer Ernährungsberatung das Erlernen von neuen Lebensgewohnheiten, hier eine Kombination aus entsprechender Ernährungsumstellung und vermehrter Bewegung, sowie sportlicher Aktivität anzustreben und diese im weiteren Verlauf zu etablieren, um langfristig einen positiven Einfluss auf seinen allgemeinen Gesundheitszustand zu nehmen und somit sein Gewicht und seine Blutwerte dauerhaft in einem Normalbereich zu halten. Über den gesamten Zeitraum der Ernährungsberatung ist ein stete Betreuung des Klienten durch seinen Facharzt, sowie der regelmäßige Austausch des Ernährungsberaters mit dem Arzt angeraten.

6.2. Ernährungstipps bei metabolischen Syndrom

Um dem metabolischen Syndrom bestmöglich entgegenwirken zu können, wird eine ganze Reihe von Umstellungen der Lebensgewohnheiten empfohlen. Dabei spielen nicht nur Hilfestellungen in Form von Sportgruppen, Kurse zur Raucherentwöhnung, Einkaufshilfen und Kochkurse eine große Rolle, sondern vor allem eine Umorientierung in der Nahrungsauswahl, in ihrer Zusammensetzung, ihrer Zubereitung und ein generell völlig neues Essverhalten zu erlernen und dauerhaft zu etablieren.

Für Menschen mit metabolischen Syndrom gehört dazu zunächst eine sehr kalorienbewusste Ernährung. Um Körpergewicht abzubauen ist es wichtig in einer negativen Energiebilanz zu bleiben. Die verringerte Aufnahme von Energie aus der Nahrung versetzt den Körper in die Lage sich seiner Fettreserven zu bedienen, um die fehlende Energie auszugleichen. Regelmäßige Bewegung und sportliche Aktivitäten können den Prozess der Gewichtsreduzierung zusätzlich positiv beeinflussen. Damit die Versorgung des Körpers mit ausreichend Vitaminen, Spurenelementen und Ballaststoffen gewährleistet ist, werden der tägliche Verzehr von frischen Obst, Blattsalaten und reichlich Gemüse empfohlen. Als optimale Verzehrsmenge gilt hier dem Körper davon mindestens 5 Portionen am Tag zuzuführen.

Bei einem metabolischen Syndrom ist einer fett-, und cholesterinarmen Ernährung eine besondere Form der Bedeutung beizumessen. Betroffene sollten bei einem erhöhten Cholesterinspiegel nicht mehr als 300 mg Cholesterin pro Tag zu sich nehmen. Ferner ist darauf zu achten, Nahrungsmittel die viele Transfette und vorwiegend gesättigte Fettsäuren enthalten zu meiden, oder deren Verzehr sehr stark zu reduzieren. Tierische Fette enthalten besonders hohe Mengen an Cholesterin und gesättigten Fettsäuren. Deshalb sind fetthaltige Fleisch-, und Wurstwaren, Schweineschmalz, sowie fetthaltige Milchprodukte, fetter Käse, Butter und Sahne sind zu vermeiden. Neben den gesättigte Fettsäuren gelten auch sogenannte Transfette als Ursache für erhöhte LDL- Cholesterinwerte und kommen vermehrt in industriell erzeugten Lebensmitteln, frittierten Speisen, Margarinen, Chips, Kuchen und Schokolade vor. Ungesättigte Fettsäuren hingegen sind vor allem in pflanzlicher Nahrung und Pflanzenölen vorhanden. Sie können den Cholesterinspiegel senken und sind deshalb nicht nur bei einem metabolischen Syndrom, sondern generell zu priorisieren. Empfohlen wird unbedingt der zusätzliche Verzehr von Geflügelfleisch, Algen und Seefischen. Algen und Seefische, wie Makrele, oder Lachs enthalten hohen Mengen an ungesättigten Fettsäuren, vor allem Omega 3 Fettsäuren, die sich positiv auf den Triglyzeridwert im Blut auswirken.

Viel Fett ist auch in Fertigprodukten, fetthaltigen Gebäcken, Cremetorten und Pralinen enthalten. Darüber hinaus enthält z.B. Palm-, oder Kokosfett viele ungesättigte Fettsäuren und sind aus diesem Grund ebenfalls ungeeignet.

Die Zubereitung der Speisen sollte möglichst ohne Zugabe von Speisefetten erfolgen. Hierfür eignen sich Garverfahren wie Dünsten und Dämpfen, oder das Benutzen von entsprechendem Kochgeschirr (Römertopf).

Die aufgeführten Empfehlungen entsprechen der traditionellen Mittelmeerkost und sind ein gutes Beispiel für eine ausgewogene und gesunde Ernährung.

7. Tipps für eine gesündere Ernährung

Folgend werden stichpunktartig Empfehlungen für eine gesündere Form der Ernährung, vor allem in Bezug auf die Ergebnisse der Blutanalyse von Herr R. benannt.

- In Maßen ballaststoffreiche Kohlenhydrate (Vollkornbrot, Vollkornnudeln z.B. aus Dinkel, Hafer, Roggen) bevorzugen, Kartoffeln, Nudeln, Reis, Weißmehlprodukte essen und frittierte Beilagen vermeiden
- täglich mindestens 3 Portionen frisches Gemüse, Salate, frische Kräuter kombiniert mit hochwertigen Pflanzenölen (Olivenöl, Leinöl) und 2 Portionen zuckerarmes Obst, je nach Saison (z.B. Apfel, Brombeere, Cranberry) zuführen
- Nüsse und Samen (z.B. Mandeln, Walnüsse, Kürbiskerne), sowie gute Fette und Öle (z.B. Olivenöl, Rapsöl, Nussöle, Leinöl) in den täglichen Speiseplan integrieren und Butter, Schweineschmalz, Sonnenblumenöl vermeiden
- ausreichende Eiweißzufuhr (1gr pro kg Normalgewicht pro Tag) in Form von Hülsenfrüchten, Nüssen und Fisch, wenig Geflügelfleisch, fetthaltige tierische Produkte vor allem aus Schweinefleisch meiden
- Eier in Maßen (max. 3 pro Woche)
- Milch- und Milchprodukte und Käse nur in fettreduzierten Varianten (Fettanteil Milch 1,5%, Naturjoghurt bis max. 1,8%, Quark bis max. 20%, Käse bis max. 30% Fettanteil pro 100gr, Sahne bis max. 15%)
- maximal 2 Portionen Fisch und Meeresfrüchte (z.B. Lachs, Kabeljau, Hummer, Krabben) pro Woche
- fettarme Fleisch- und Wurstwaren (z.B. mageres Geflügel, Kalbfleisch, Corned Beef, Putenbrustaufschnitt) 1-2 mal (ca. 160gr) pro Woche
- Snacks und Knabberkram auf ein Minimum (max. 25gr pro Tag) reduzieren, besser gänzlich darauf verzichten, oder durch Snacks aus Gemüse (z.B. Gurke mit Dip aus purem Kefir, oder fettarmen Jogurt mit frischen Kräutern, oder eine Hand voll Nüsse) ersetzen
- auf ausreichende Flüssigkeitszufuhr (mindestens 2 ltr. Pro Tag, besser noch 30 -40 ml pro Kg Körpergewicht) in Form von Wasser, zuckerfreien Kräutertees, oder reduzierten Saftschorlen achten und Fruchtsäfte, Limonaden, Energy Drinks vermeiden
- Mahlzeiten, wenn möglich auf 2- 3 Mahlzeiten pro Tag verteilen und Zwischenmahlzeiten vermeiden, wenn eher Rohkost, oder naturbelassene (ungesalzene, ungezuckerte, oder ungeröstete) Nüsse, bei Schokolade auf hohen Kakaoanteil (mindestens 70%) achten und max. 1 Stück pro Tag und direkt nach der Hauptmahlzeit (mögliches Dessert) verzehren

8. Weitere Maßnahmen und Empfehlungen für Herr R.

Ich würde Herr R. folgende Empfehlungen und Maßnahmen mit auf den Weg geben:

- vorab das Führen eines Ernährungsprotokolls für 3 Tage
- einen regelmäßigeren Essensrhythmus etablieren, gern beginnend mit zunächst einer Mahlzeit seiner Wahl zu einem täglich fest gelegten Zeitpunkt
- darauf achten in einem täglichen Kaloriendefizit zu bleiben um die Gewichtsreduktion (Fettverbrennung) anzukurbeln
- auf eine ausreichende Flüssigkeitszufuhr durch Wasser und Kräutertees achten, Energy Drinks durch mit Wasser verdünnten Direktsäften ersetzen
- Verzehr von stark zuckerhaltigen Lebensmitteln einschränken
- Weißmehlprodukte überwiegend durch Vollkornprodukte ersetzen
- mehr Obst und Gemüse in seine Essgewohnheiten integrieren
- regelmäßiger Verzehr von Meeresfischen
- fettarme Proteinquellen (Geflügel ohne Haut, Hülsenfrüchte, Nüsse) bevorzugen
- fettreiche Sahne entweder durch fettarme Sahne ersetzen, oder zumindest mit Wasser verdünnen
- an 3 Tagen in der Woche frisch kochen und Fertiggerichte meiden, da diese hoch verarbeitet sind und vor allem versteckten Zucker und ungesunde Zusatzstoffe enthalten
- auf ballaststoffreiche Lebensmittel (Vollkornprodukte, Hülsenfrüchte, Getreideflocken) zurückgreifen
- zum Frühstück selbst zusammengestelltes Müsli ausprobieren
- mehr Bewegung und Sport in seinen Alltag integrieren, um hier einen besseren Einstieg zu finden, hier vielleicht bei seinen Freunden aus der Fussballkneipe nachfragen, ob hier jemand bereits sportlich aktiv ist und er sich diesem anschliessen, und/oder ihn jemand bei seinem Vorhaben unterstützen würde, Gründung einer gemeinsamen Sportgruppe wäre auch eine Idee
- Vorschlag einen Heimtrainer (Fahrrad-,oder Lauftrainer) anzuschaffen und anstatt von der Couch aus, an 2 Tagen für jeweils 45 min. sportliche Einheiten vor dem TV absolvieren
- versuchen an 2 Tagen pro Woche die Süßigkeiten und Snacks auf dem Sofa, vor dem TV durch Alternativen aus zuckerfreiem Obst und frischen Gemüse, oder Nüsse zu ersetzen

Neben einer Optimierung der Nahrungsmittelauswahl und dem Integrieren von mehr Bewegung in den Alltag ist für die angestrebte Gewichtsreduktion ein täglich einzuhaltendes Kaloriendefizit von enormen Vorteil. Empfohlen wird hier ein tägliches Defizit zwischen 300 – 500 kcal.
Die Berechnung des derzeitigen Gesamtenergiebedarfs bei Herr R. ergab etwa 3180 kcal/Tag.
Um in einem Kaloriendefizit zu bleiben würde ich eine tägliche Zufuhr von zunächst ungefähr 2800 kcal/Tag empfehlen.

9. Ernährungsplan Tag 1

<u>Frühstück:</u>

Müsli aus:

- 30gr Dinkelflocken
- 30 gr Haferflocken
- 15 gr Chiasamen
- 1 EL Leinsamen
- 1 geriebener mittelgroßer Apfel
- 120 ml fettarme Milch

<u>Mittag:</u>

Hähnchenbrust mit Gemüsepfanne mit Walnüssen, Vollkornreis mit Jogurt - Kräuterdip

- 80 gr Vollkornreis, gekocht
- 80gr Karotten
- 80 gr Paprikaschote
- 80 gr Broccoli
- 30 gr Walnüsse, gehackt
- 180 gr Hähnchenbrust, ohne Haut, gebraten
- 100 gr fettarmer Naturjoghurt mit frischem Schnittlauch

<u>Vespa:</u>

- ein Stück Kuchen nach Wahl, 1 Saftschorle

<u>Abendbrot:</u>

- 3Scheiben Dinkelvollkornbrot mit Pflanzenmargarine, Geflügelmortadella, oder Geflügelleberwurst
- 100 gr gemischter Salat mit Kichererbsen, Mozzarella und selbstgemachten Dressing aus Apfelessig und Walnussöl

<u>Snack:</u>

- Gurken und Paprikasticks mit Dip aus Magerquark und frischen Kräutern

Über den Tag verteilt mindestens 2,5 Liter Flüssigkeit in Form von Wasser, oder ungesüßten Tees.

10. Ernährungsplan Tag 2

<u>Frühstück:</u>

- 2 Vollkornbrötchen mit Aufstrich aus fettarmen Frischkäse, Corned Beef, oder Geflügelaufschnitt, oder Butterkäse
- 1 Glas selbstgemachte Fruchtmilch aus 120 ml fettarmer Milch und 50 gr Beerenobst nach Wahl
- 1 mittelgroßer Apfel

<u>Mittag:</u>

Lachsfilet mit buntem Spargel und Schnittlauch- Kartoffeln und Gurkensalat

- 200 gr Lachsfilet, gedünstet
- 250 gr weißer und grüner gedämpfter Spargel
- 100 gr Pellkartoffel mit Schnittlauch
- 100 gr frischer Gurkensalat

<u>Vespa:</u>

- ein Stück Kuchen, oder Kekse nach Wahl, 1 Glas Saftschorle

<u>Abendbrot:</u>

- 3 Scheiben Vollkornbrot mit Pflanzenmargarine, fettarmen Frischkäse, Geflügelaufschnitt, Avokadocreme
- 100 gr gemischter Salat mit gebratener Putenbrust, Feta und Pistazien und selbst gemachten Dressing aus fettarmen Joghurt, Himbeeressig und nativem Rapsöl

<u>Snack:</u>

- 1 Hand voll Nüsse (unbehandelte Walnüsse, Haselnüsse, oder Mandeln)

Über den Tag verteilt mindestens 2,5 ltr. Flüssigkeit in Form von Wasser, oder ungesüßten Tees.

11. Ernährungsplan Tag 3

<u>Frühstück:</u>

- 2 Vollkornbrötchen mit Geflügelaufschnitt und Butterkäse
- 1 gekochtes Ei
- 200 gr selbsterstelltes Früchtemüsli aus 100 gr Beerenobst nach Wahl (Brombeeren, Himbeeren, Johannisbeeren, Cranberrys) und 100 gr fettarmen Joghurt und 2 El gehackten Walnüssen

<u>Mittag:</u>

Vollkornpasta mit vegetarischer Bolognese und Ruccolasalat

- 120 gr Dinkelvollkornpasta
- 100 gr Paprikaschote
- 100 gr Karotten
- 100 gr Sellerie
- 100 gr Zucchini
- 100 gr gehackte Tomaten
- 80 gr Ruccolasalat mit Oliven, Pinienkernen und Olivenöl

<u>Vespa:</u>

- 1 Stück Kuchen, oder Kekse nach Wahl, 1 Glas Saftschorle

<u>Abendbrot:</u>

- 2 Scheiben Vollkornbrot mit Pflanzenmargarine, Geflügelaufschnitt, fettarmen Käse
- 150 gr Gurken und Paprikasticks mit fettarmen Joghurtdip
- 80 gr Feldsalat mit Radieschen und Avokadowürfeln

alternativ:

- 200 gr Süsskartoffel – Zucchinirösti und 80 gr Magerquark mit 2 El Leinöl
- 80 gr Feldsalat mit Radieschen und Avokadowürfeln

<u>Snack:</u>

- 2 Stück Schokolade (25 gr) mit Kakaoanteil von mindestens 70 %

Über den Tag verteilt mindestens 2,5 ltr. Flüssigkeit in Form von Wasser, oder ungesüßten Tees.

12. Quellenangabe

Literatur:

- Lehrskript „Diätetik", Academy of Sports, 71552 Backnang
- Lehrskript „Ernährungsberatung", Academy of Sports, 71552 Backnang
- Lehrskript „Grundlagen der Ernährung, Academy of Sports, 71552 Backnang
- Lehrskript „Vertiefende Ernährungsberatung", Academy of Sports, 71552 Backnang

Internet:

- https://www.Gesundheit.de/ernaehrung/
- https://www.gesundheitsinformationen.de/ernaehrungsberatung-und-ernaehrungstherapie.html
- https://www.internisten-im-netz.de/krankheiten/metabolisches-syndrom/was-ist-ein-metabolisches-syndrom.html
- https://www.ndr.de/ratgeber/gesundheit/Ernaehrung-beim-metabolischen-syndrom.html
- https://www.praktischarzt.de/untersuchungen/blutuntersuchung/blutwerte/